Título: Grafeno, el material de las maravillas

Autor: VV. AA.

Copyrighy © 2021 FREE2READ

All rights reseved

© 2021 Edición FREE2READ

"No me atrevo a intentar predecir el futuro, pero viendo la velocidad del progreso logrado durante la última década, podemos esperar ver grafeno en todas partes pronto".

- Andrei Geim

INTRODUCCIÓN

El grafeno, descubierto casi en broma, es un material extraordinario con características únicas, pero aún poco conocido.

Muy delgado y extremadamente resistente, pronto podría revolucionar todo el sector de la electrónica, la energía verde y muchos otros sectores con aplicaciones que aún no podemos imaginar del todo.

Para la comunidad científica es casi una leyenda y alguien lo ha rebautizado como el material de las maravillas o, de nuevo, el "material mágico" del siglo XXI.

Su descubrimiento ha causado tal revuelo en laboratorios de todo el mundo que no pasa una semana sin que se encuentren nuevas aplicaciones o propiedades del grafeno. De ahí la imposibilidad de recopilar todo lo que sería interesante saber sobre este material en un libro.

De hecho, los continuos descubrimientos y la enorme cantidad de datos que se van haciendo disponibles progresivamente sobre el tema podrían llenar muchos volúmenes de una enciclopedia.

Por ello, en este libro informativo, pensamos en recopilar un resumen que, por incompleto y en curso, podría servir para darnos una idea de qué es realmente el grafeno y de lo grande que es su potencial para cambiar la vida de todos nosotros en el mundo. futuro cercano.

Además, también hemos decidido ofrecer alguna orientación para los inversores más curiosos que buscan nuevas oportunidades en sectores emergentes. Por ello encontrarás una serie de información útil sobre el grafito, materia prima imprescindible para la obtención del grafeno.

UN DESCUBRIMIENTO EXTRAORDINARIO, CASI PARA UN JUEGO

No es una leyenda. El grafeno se descubrió casi por diversión, gracias a dos objetos de uso común: un lápiz y una cinta adhesiva.

La forma fortuita en que tuvo lugar el descubrimiento de este maravilloso material que promete transformar el futuro de todos nosotros, así como su importancia, recuerda nada menos que el descubrimiento de la penicilina por Alexander Fleming. Pero la comparación que quizás explica mejor el significado revolucionario del nuevo material es el descubrimiento, que tuvo lugar hace unos 100 años, de los polímeros. A pesar de que los polímeros tardaron algún tiempo en incorporarse a la vida cotidiana de las personas con plásticos en ese momento, fue un gran paso adelante para toda la humanidad.

Pero volvamos a nuestro siglo cuando, en 2004, todo comenzó...

Dos científicos desconocidos nacidos en Rusia que vivían en el Reino Unido e investigadores de la Universidad de Manchester habían adquirido el buen hábito de terminar la semana laboral pasando unas horas experimentando con nuevas ideas en el laboratorio. Era un viernes por la tarde y Andrei Geim y su alumno Konstantin Novoselov estaban "jugando" con escamas de grafito de carbono (el que se encuentra en un lápiz común), para investigar sus propiedades eléctricas. Tratando de obtener copos más delgados, se sirvieron, en broma, con una cinta adhesiva. Al pelar una capa de grafito del bloque original con cinta adhesiva y repetir esta operación, pudieron obtener una capa del grosor de un átomo, una forma bidimensional de grafito.

Habían descubierto el grafeno, un nuevo material con propiedades extraordinarias. Con el grosor de un solo átomo es flexible, duro, transparente, extraordinariamente ligero y el mejor conductor eléctrico.

Diez veces más fuerte que el acero y, cuando se usa como conductor, con el poder de disipar mucha menos energía que un chip tradicional usado en las computadoras actuales.

El descubrimiento es tan revolucionario que, en 2010, Andrei Geim y Konstantin Novoselov fueron galardonados con el Premio Nobel de Física.

Entre otras cosas, el "método sinta adhesiva" ha demostrado ser simple y eficaz, tanto que el estudio de este material ha crecido muy rápidamente.

El grafeno es el material más fino y resistente que conoce la ciencia, además de extensible, conductor, ópticamente transparente y con propiedades electrónicas muy particulares.

Según una definición oficial, la de la IUPAC (Unión Internacional de Química Pura y Aplicada), "una sola capa de átomos de carbono ordenados según la estructura del grafito puede considerarse como el elemento final de la serie naftaleno, antraceno, coroneno, etc. y la palabra grafeno, por lo tanto, debe usarse para indicar las capas individuales de carbono dentro de los compuestos de grafito. El término capa de grafeno se usa comúnmente dentro de la terminología del carbono".

Sus usos potenciales son ilimitados. Desde nuevos dispositivos flexibles para usar como un traje, hasta nuevas generaciones de computadoras diminutas, pasando por paneles solares hipereficientes y teléfonos celulares súper rápidos.

Dado que el carbono es el elemento básico de la vida, el grafeno podría ser el motor de una nueva revolución industrial basada en componentes electrónicos biodegradables y totalmente sostenibles. Si alguna vez existe un material de construcción para la economía verde, el grafeno sería el principal candidato. El gobierno británico invirtió inmediatamente alrededor de 89 millones dólares para crear el National Graphene Institute (NGI). Aquí, los dos científicos Andrei Geim y Konstantin Novoselov están trabajando arduamente para revolucionar la mayoría de las tecnologías que conocemos y, por supuesto, para explotar comercialmente los resultados de su sorprendente descubrimiento.

Los expertos en materiales estratégicos lo rebautizaron inmediatamente como el "material de las maravillas", un nombre significativo que recuerda lo más importante en la historia de la humanidad, como el descubrimiento del plástico o el descubrimiento de la electricidad, solo para permanecer en la historia de los últimos siglos.

Aunque todavía no es conocido por el público en general, en los laboratorios de todo el mundo el entusiasmo de los científicos se dispara y se puede resumir fácilmente en pocas palabras: el grafeno es 200 veces más fuerte que el acero, es más delgado que una hoja de papel. ¡y conduce más electricidad que el cobre! Con una alta relación resistencia-peso, es el material perfecto para su uso en automóviles, misiles, barcos, aviones y más.

Los investigadores de todo el mundo están trabajando arduamente para ser los primeros en llegar a nuevos empleos rentables.

Por ejemplo, ingenieros de la Northwestern University en Estados Unidos han construido un electrodo de grafeno que permite que los iones de litio almacenen diez veces más energía y con un tiempo de recarga diez veces más corto que los materiales tradicionales.

Según algunos, los gadgets que se fabricarán con grafeno harán que objetos como el iPhone o el Kindle parezcan juguetes pertenecientes a la era del vapor.

El ejército israelí parece estar ya fabricando misiles invisibles con grafeno.

Científicos de la Universidad de Texas han creado el prototipo de una especie de manto invisible calentando una hoja de grafeno con electricidad.

Pero la lista de aplicaciones posibles gracias a este maravilloso material sigue creciendo semana tras semana y, a continuación, encontrará una muestra de lo que se puede y se podrá hacer con el grafeno.

NUESTRAS VIDAS CAMBIARÁN ...

"No me atrevo a intentar predecir el futuro, pero viendo la velocidad del progreso logrado durante la última década, podemos esperar ver grafeno en todas partes pronto. Por lo general, se necesitan al menos 40 años para que un nuevo material salga de los laboratorios universitarios y se convierta en un producto de consumo, pero en menos de diez años el grafeno ya se ha trasladado de nuestro laboratorio a los laboratorios industriales y ahora hay productos piloto en total. mundo. Los gobiernos de todo el mundo y probablemente más de 100 empresas están gastando miles de millones en investigación y desarrollo de estos nuevos materiales. Entonces, probablemente, el grafeno merece el superlativo del material de desarrollo más rápido".

Estas son las palabras de Andrei Geim, uno de los dos científicos que descubrieron el grafeno, entrevistado por la CNN estadounidense.

El grafeno es el material más delgado que jamás haya existido con un solo átomo de espesor. Si crees que con solo un gramo de grafeno podrías cubrir todo un campo de fútbol, entiendes mejor lo que puede significar tal sutileza.

Además, todos vivimos en un mundo tridimensional y nadie hubiera pensado nunca en la existencia de un material con solo 2 dimensiones, como en realidad es el grafeno. Si alguien hubiera preguntado al 99,9% de los científicos de todo el mundo si alguna vez hubo material en 2D, las respuestas habrían sido negativas o se habrían limitado a la ciencia ficción. ¡Pero con el descubrimiento del grafeno se han abierto las puertas de la ciencia ficción!

Las aplicaciones potenciales del grafeno se están multiplicando. Podría convertirse en una parte integral de los transistores ultrarrápidos para su uso en computadoras o dispositivos electrónicos. Además, al ser químicamente inerte, podría usarse fácilmente junto con otros materiales, al tiempo que aumenta el rendimiento general.

En la fabricación de baterías, las cualidades conductoras e impermeables del grafeno serían una gran ventaja.

En pinturas y recubrimientos protectores impartiría cualidades impermeables, ayudando a bloquear el agua, líquidos u otros elementos corrosivos que lleguen al metal subyacente. Ventajas en salud y seguridad, ya que actualmente, para obtener los mismos efectos, se utiliza cromo hexavalente, que sin embargo es tóxico y cuyo uso está prohibido en algunos países.

El uso de grafeno para impartir resistencia mecánica y rigidez a los componentes será otra aplicación importante en el futuro cercano, que ayudará a reducir el peso de los vehículos y lograr importantes ahorros de combustible.

Pero este material también tiene una capacidad excepcional para absorber luz, desde rayos ultravioleta hasta infrarrojos, lo que podría dar lugar a sorprendentes desarrollos en nanofotónica.

Además, en el futuro existe la posibilidad de obtener teléfonos plegables y enrollables que, con el grafeno, podrían convertirse en una realidad.

La historia nos enseña que los mercados necesitan tiempo para poder explotar todo el potencial de un nuevo material. Las nuevas tecnologías basadas en nuevos materiales tardan entre 20 y 40 años en pasar del laboratorio a la producción.

Por lo tanto, ser capaz de predecir con precisión el desarrollo del grafeno es difícil, pero aún más difícil predecir sus aplicaciones en tecnologías futuras. Sin embargo, es bastante fácil imaginar que se volverá cada vez más importante y cada vez más presente en la vida de todos nosotros.

EL GRAFENO ES COMO UNA PIZZA

La forma en que el grafeno interactúa con otros materiales depende de cómo estos materiales se pongan en contacto con el mismo grafeno.

Como ya se mencionó, a pesar de ser uno de los materiales más increíbles y más estudiados del momento, el grafeno es tan simple que consta de una sola capa de átomos de carbono, pero con propiedades electrónicas, térmicas, mecánicas y ópticas excepcionales.

En muchas aplicaciones, el llamado material maravilloso se combina con otros materiales y, debido a que es tan delgado, sus propiedades cambian drásticamente con el contacto directo con otras moléculas. Sin embargo, combinarlo con otros materiales a nivel molecular es bastante difícil.

La forma en que interactúa con otros materiales depende no solo del material elegido, sino también de cómo entra en contacto con el grafeno. Para hacer esto, es necesario poner en contacto los átomos apropiados de tal manera que crezcan sobre el grafeno en la estructura cristalina deseada.

Un nuevo estudio de TU Wien y la Universidad de Viena ha arrojado luz sobre estos mecanismos de crecimiento, estudiando el óxido de indio por primera vez. La combinación de óxido de indio y grafeno es importante, por ejemplo, para pantallas y sensores.

Según Bernhard C. Bayer del TU Wien Institute of Materials Chemistry, "como una pizza, la tecnología del grafeno no depende solo de la base de la pizza". En la práctica, cómo y qué sellos se agregan al grafeno es crucial para el resultado final.

En la mayoría de los casos, los átomos gaseosos se condensan en grafeno. En el caso del óxido de indio, se trata de indio y oxígeno pero la presión, temperatura o velocidad con la que estos átomos se colocan sobre el grafeno influyen drásticamente en el resultado.

Por estas razones, es importante comprender a fondo los procesos químicos y físicos que realmente tienen lugar. Esto es exactamente lo que ha logrado hacer el equipo de investigación austriaco. Por primera vez, los pasos individuales en el crecimiento de óxido de indio en grafeno se han observado bajo un microscopio electrónico de resolución atómica.

El nuevo paso adelante de los científicos será útil para hacer que la integración del grafeno con otros materiales sea más predecible y controlable.

EL PODER DEL GRAFENO

Las leyes básicas de la física no funcionan con el grafeno. Al menos en lo que respecta a la ley de conducción del calor, sobre la cual Joseph Fourier, el famoso físico y matemático francés, había postulado que la propagación del calor es una propiedad intrínseca de cualquier material.

Pero los científicos del Max Planck Institute for Polymer Research (Alemania) y la National University de Singapur encontraron que la conductividad térmica del grafeno cambia con el tamaño de la muestra.

Como afirma Davide Donadio, investigador de origen italiano y jefe del grupo de investigación, "hemos reconocido mecanismos de transferencia de calor que en realidad contradicen la ley de Fourier a escala micrométrica. Ahora es necesario reinterpretar todas las mediciones experimentales anteriores de la conductividad térmica del grafeno. El mismo concepto de conductividad térmica como propiedad intrínseca no es válido para el grafeno, al menos para muestras grandes de varios micrómetros".

El grafeno, una capa bidimensional de átomos de carbono, no respeta las leyes físicas de la propagación del calor en los sólidos. De hecho, su conductividad térmica aumenta logarítmicamente en función del tamaño de la muestra de material.

En otras palabras, cuanto más larga es la muestra de grafeno, más calor transfiere por unidad de longitud.

Esta extraordinaria propiedad se suma a las otras ya conocidas de este maravilloso material: flexible, cien veces más resistente que el acero, muy ligero y excelente conductor.

Considerando que en la micro y nanoelectrónica el calor es uno de los factores más limitantes para la miniaturización y eficiencia de los circuitos, es fácil imaginar el enorme potencial de la conductividad térmica ilimitada para este tipo de aplicaciones.

¡El sueño de todo ingeniero electrónico pronto podría hacerse realidad!

ENERGÍA SOLAR

FOTOSÍNTESIS CON GRAFENO

Una de las primeras sorpresas para los científicos fue descubrir la capacidad del grafeno para actuar como fotocatalizador, es decir, como material que acelera una reacción química sin ser utilizado en la reacción en sí. En la práctica, logra que la fotosíntesis artificial sea mucho más eficiente.

También gracias a que consta de una única capa de átomos de carbono, puede mejorar la eficiencia de los sistemas de fotosíntesis artificiales, actuando como fotocatalizador.

Científicos del Korea Research Institute of Chemical Technology han demostrado que el grafeno puede mejorar la eficiencia de los sistemas de fotosíntesis artificiales al actuar como fotocatalizador. En otras palabras, el grafeno podría convertir la luz solar y el dióxido de carbono en ácido fórmico, una sustancia utilizada en la industria del plástico y las pilas de combustible. Pero la transformación de la energía solar a partir de dióxido de carbono también tendría aplicaciones en la industria farmacéutica.

Hoy en día sigue siendo un material caro y, por lo tanto, solo tiene espacio para su uso en laboratorios. Pero parece que en India han conseguido sintetizar el grafeno con un método sencillo y barato, cuyos impactos podría tener en los costes de producción aún no están claros.

ENERGÍA DE LA LLUVIA

Aunque los paneles solares han avanzado enormemente como fuente confiable de energía renovable, todavía queda un largo camino por recorrer, especialmente en términos de eficiencia de las células fotovoltaicas.

En otras palabras, la energía producida por la noche o durante un día de mal tiempo sigue siendo completamente insatisfactoria. Sin embargo, una solución que viene de China podría ser producir energía a partir de gotas de lluvia.

La clave del éxito de una solución tan inesperada es precisamente el grafeno.

Un equipo de la Ocean University of China, en Qingdao, piensa que dado que las gotas de lluvia no están hechas de agua pura, sino que contienen varias sales (sodio, calcio, amonio) que se descomponen en iones positivos y negativos, es posible explotar el energía a través de una simple reacción química. Mediante el uso de láminas de grafeno para separar los iones cargados positivamente será posible generar electricidad.

Las primeras pruebas realizadas en laboratorio han dado resultados alentadores. Los investigadores pudieron generar cientos de microvoltios, logrando una eficiencia de conversión del 6,53% con paneles solares económicos y personalizados, cubiertos con una capa transparente de óxido de indio y estaño. Una célula solar para todas las estaciones que produce energía tanto del sol como de la lluvia.

El estudio aún se encuentra en sus primeras etapas y todavía hay mucho trabajo por hacer, pero los investigadores esperan que sus hallazgos puedan preceder a una nueva generación de paneles solares, contribuyendo a la propagación de la energía renovable.

No es la primera vez que se utiliza el grafeno en tecnologías solares. En el Reino Unido, los científicos están trabajando en un material innovador a base de grafeno capaz de absorber el calor y la luz del entorno circundante, para producir energía incluso en interiores.

Todo apunta a que las células fotovoltaicas del futuro funcionarán en cualquier condición, incluida la de un día gris sin sol.

ELECTRÓNICA DE ENERGÍA SOLAR

Uno de los principales problemas para utilizar la energía solar como fuente de energía fiable es encontrar una forma eficaz de almacenarla sin pérdidas, de modo que pueda utilizarse en el tiempo.

Inspirándose en el mundo de las plantas, los investigadores de la RMIT University en Melbourne (Australia) han inventado un nuevo electrodo que podría aumentar la capacidad actual de almacenamiento de energía solar en un asombroso 3000%. Esta nueva tecnología es muy flexible y se puede conectar directamente a las células solares, lo que podría significar que podríamos estar cerca de teléfonos inteligentes y computadoras portátiles alimentadas constantemente por el sol.

Por lo tanto, los ingenieros buscan emplear supercondensadores, un tipo de tecnología que permite tiempos de carga extremadamente rápidos, con una fuerte liberación de energía. Pero hasta ahora, los supercondensadores no han podido almacenar suficiente energía para funcionar como baterías solares.

El equipo de investigadores australianos, cuyo estudio fue publicado en Scientific Reports, se propuso investigar cómo los organismos vivos logran acumular energía en un espacio pequeño, inspirándose en las ingeniosas hojas de geometría fractal de una planta común de América del Norte, Polystichum munitum. El nuevo electrodo de grafeno se basa precisamente en estas formas fractales.

Para crear un electrodo altamente conductor, los científicos utilizaron láseres para manipular el grafeno, un nanomaterial de carbono de un átomo de espesor que puede conducir electricidad a velocidades impresionantes. Al combinar grafeno y supercondensadores, se logra una capacidad de almacenamiento de energía 30 veces mayor.

Esto significa que si su nuevo electrodo se usa con éxito, será posible conectar células solares a superconductores con un 3000% más de capacidad de almacenamiento de lo que es posible actualmente.

¿Estamos a punto de entrar en la era de la electrónica completamente alimentada por energía solar? La cuenta atrás ha comenzado...

GRAFENO CONTRA VIRUS Y BACTERIAS (INCLUYENDO CORONAVIRUS)

Las mascarillas faciales se han convertido en una herramienta importante en la lucha contra la pandemia de COVID-19.

En esta tendencia se ha incluido la investigación de la Universidad de Hong Kong, que ha logrado crear máscaras de grafeno con una eficacia antibacteriana del 80% que, con una exposición a la luz solar durante unos 10 minutos, aumenta hasta casi el 100%. Pero quizás lo más interesante, dados los tiempos actuales, es que estas máscaras han logrado desactivar dos especies de coronavirus.

Pero hay más ... ¡las máscaras de grafeno se hacen fácilmente y cuestan poco!

Para quienes no estén familiarizados con los hospitales, es importante saber que las mascarillas quirúrgicas de uso común no son antibacterianas. Esto significa que si se toca una mascarilla usada y contaminada, puede ocurrir una transmisión secundaria de infecciones bacterianas. Además, los tejidos utilizados como filtro bacteriano son difíciles de descomponer y, por tanto, tienen un impacto negativo sobre el medio ambiente.

Por estas razones, los científicos buscaron materiales alternativos para producir máscaras. Una solución podría venir con grafeno láser, un material que se conoce desde hace mucho tiempo por sus propiedades antibacterianas.

El Dr. Ye Ruquan, jefe del equipo de investigación, descubrió que escribir sobre películas de poliimida que contienen carbono utilizando un sistema láser de CO2 puede generar grafeno 3D poroso. El láser cambia la estructura de la materia prima y genera grafeno.

El equipo de investigadores probó el grafeno mediante láser con E. Coli e ha alcanzado una eficacia antibacteriana de aproximadamente el 82%. Un resultado excelente si se tiene en cuenta que la eficacia antibacteriana de los tejidos soplados en fusión, comúnmente utilizados en máscaras, alcanza solo el 9%.

Además, gracias al efecto fototérmico del grafeno (que produce calor después de absorber la luz), la eficacia antibacteriana puede aumentar. Con 10 minutos de exposición solar alcanza el 99,998%.

Investigadores de la University of Hong Kong están trabajando en colaboración con científicos chinos para probar material de grafeno con dos especies de coronavirus humanos. Las pruebas iniciales mostraron que el grafeno inactivaba más del 90% del virus en cinco minutos y casi el 100% en 10 minutos a la luz del sol.

La producción de grafeno por láser es sencilla. En solo un minuto y medio, un área de 100 cm² se puede convertir en grafeno como capa externa o interna de la máscara. El precio de las máscaras de láser de grafeno debería estar entre el de una máscara quirúrgica y el de una máscara N95.

Pero el grafeno no se limita a las máscaras para ayudarnos a combatir el COVID-19 (u otros microorganismos). De hecho, un nuevo biosensor de grafeno, también adaptable a otros tipos de virus, detecta la presencia de coronavirus en menos de cinco minutos.

Si bien estamos experimentando cambios tan extraordinarios que terminarán en todos los libros de historia de este siglo, hemos tenido que aprender qué son las pruebas, y cuán importantes son, para monitorear y contener el coronavirus.

Si bien COVID-19 ha provocado cambios drásticos en la vida de las personas, por otro ha empujado a la ciencia a encontrar soluciones de forma rápida y con un enfoque holístico para el desarrollo de herramientas multidisciplinarias para el diagnóstico precoz.

Este es el caso de la última prueba rápida y ultrasensible, gracias a un sensor electroquímico en papel, que es capaz de detectar la presencia del virus en menos de cinco minutos.

Actualmente, existen dos tipos de pruebas COVID-19 en el mercado. La primera categoría utiliza la reacción en cadena de la polimerasa con transcriptasa inversa en tiempo real (RT-PCR) y estrategias de hibridación de ácidos nucleicos para identificar el ARN viral. Sin embargo, las deficiencias de esta técnica son el tiempo necesario para completar la prueba, la necesidad de personal especializado y la disponibilidad de equipos y reactivos.

El segundo tipo de prueba se centra en la detección de anticuerpos. Sin embargo, la producción de anticuerpos detectables se produce con un retraso de unos días a unas semanas después de que una persona ha estado expuesta al virus.

En los últimos años, los investigadores han comenzado a crear biosensores para detectar enfermedades utilizando nanomateriales 2D como el grafeno. Las principales ventajas de los biosensores basados en grafeno son su sensibilidad, bajo coste de producción y detección rápida.

Las pruebas actuales basadas en ARN para COVID-19 examinan la presencia del gen N (fosfoproteína de la nucleocápsida) en el virus SARS-CoV-2. En el caso de la nueva investigación, se han diseñado sondas de oligonucleótidos antisentido (ASO) para apuntar a dos regiones del gen N. Apuntar a dos regiones asegura la confiabilidad del sensor en el caso de que una región sufra una mutación genética. Además, algunas nanopartículas de oro (AuNP) están recubiertas con estos ácidos nucleicos monocatenarios (ssDNA), lo que representa una sonda de detección ultrasensible.

La nueva prueba tendrá muchas aplicaciones debido a su portabilidad y bajo costo. El sensor, cuando se integra con microcontroladores y pantallas LED o con un teléfono inteligente a través de Bluetooth o wifi, se puede usar en el consultorio de un médico o incluso en casa. Además, según los bioingenieros estadounidenses, el sistema es adaptable para la detección de muchas otras enfermedades.

Pero también en el campo de la defensa contra los microorganismos en general, el grafeno puede encontrar un uso útil.

Un equipo de investigadores italianos ha desarrollado una técnica para protegernos de las superbacterias, las asesinas de los quirófanos. E, incluso en este caso, el material de las maravillas nunca deja de sorprender ...

El grupo de investigadores italianos tuvo la idea original de recubrir los instrumentos utilizados en el quirófano con óxido de grafeno, para contrarrestar los riesgos de infección.

Este no es un problema menor y que solo en Italia, según un estudio de 2008, afecta al 5% de las intervenciones. Es decir, un paciente que es operado, además del fracaso de la operación, corre el riesgo de morir por una infección con bacterias resistentes a cualquier antibiótico (superbacterias). Según el Centro Europeo para la Prevención y el Control de Enfermedades (ECDC), más de 400.000 personas en Europa han desarrollado infecciones bacterianas resistentes a los antibióticos desde 2009.

En el futuro, se espera que estos riesgos aumenten debido al creciente número de superbacterias que son inatacables por antibióticos.

Pero los investigadores del Instituto de Sistemas Complejos del Consejo Nacional de Investigación, del Instituto de Física y Microbiología de la Universidad Católica del Sagrado Corazón (Ucsc) de Roma, del Departamento de Física de la Universidad Sapienza de Roma y del Departamento de Ciencias Químicas de la Universidad de L'Aquila, se inspiraron en la típica aspereza del cangrejo que, gracias a la estructura de su caparazón, no es atacado por bacterias.

El uso del grafeno, cuyas propiedades antimicrobianas ya son conocidas, como recubrimiento de superficies sensibles como las de prótesis y equipos quirúrgicos, imita una solución existente en la naturaleza, en la capa exterior del cangrejo, que gracias a su rugosidad repele las bacterias.

"Hicimos un recubrimiento con un hidrogel a base de óxido de grafeno", explica Massimiliano Papi, profesor del Instituto de Física y Microbiología de la Universidad Católica del Sagrado Corazón y coautor de la investigación. "La acción antibacteriana se debe a la estructura laminar, de unos nanómetros de tamaño, del óxido de grafeno, capaz de cortar la membrana de la célula bacteriana o envolver su superficie, contrarrestando así el desarrollo de bacterias farmacorresistentes".

Este mecanismo básico, de carácter mecánico, se amplifica mediante una técnica de impresión láser descubierta por el equipo de investigadores: la supercavitación láser. La acción del recubrimiento es tanto bacteriostática como bactericida, es decir, bloquea y mata, matando el 90% de las bacterias, gracias a una tecnología versátil, económica y de bajo impacto toxicológico.

CHIP DE GRAFENO

En la Stanford University (Estados Unidos), un ingeniero químico y su equipo están trabajando en una nueva generación de chips de computadora: grafeno modelado en ADN en lugar de silicio. El ADN es la arquitectura de la vida y pronto podría convertirse también en la arquitectura de los nuevos chips de grafeno.

Para construir ordenadores y dispositivos electrónicos cada vez más potentes y pequeños es necesario miniaturizar cada vez más chips de silicio que pueden haber alcanzado un límite más allá del que no pueden ir, lo que confirma los temores de muchos técnicos sobre el final de la carrera hacia los dispositivos. más rápido y más barato.

Para entender cómo serán los nuevos dispositivos, es necesario dar un paseo tecnológico dentro de un chip, el corazón de todas las computadoras.

Todo está relacionado con el funcionamiento de un chip de silicio. Para entender esto, pensemos en un semiconductor, un material que puede inducirse a conducir o detener el flujo de electricidad. Hasta ahora, el silicio ha sido el material más utilizado solo como semiconductor, es decir, como material para producir chips. Las unidades que componen un chip son los transistores, pequeñas puertas que detienen o dejan pasar la electricidad, creando lógicamente los bits (cero y uno) que subyacen a la ejecución de cualquier software. Para construir chips cada vez más potentes, los diseñadores han reducido los transistores y han aumentado la velocidad a la que se abren y cierran las puertas.

El resultado de estos esfuerzos ha sido concentrar cada vez más electricidad en espacios cada vez más pequeños, además de más económicos. Pero llega un punto en el que el calor producido y otras formas de interferencia podrían comprometer el funcionamiento interno de todo el chip.

Para superar estas limitaciones, necesitaríamos un material con el que construir transistores cada vez más pequeños y rápidos, pero que consuman menos energía. Y aquí viene el grafeno, con sus propiedades físicas y eléctricas de semiconductores.

El grafeno, que se produce a partir del grafito, es una capa única de átomos de carbono dispuestos en un patrón de panal y, desde un punto de vista eléctrico, es un conductor extremadamente eficiente.

Dado que las dimensiones del nuevo material son diminutas y las propiedades eléctricas son muy favorables, la construcción de cintas de grafeno podría crear chips muy rápidos, operando a muy baja potencia. Pero hacer una cinta con el grosor de un solo átomo y un ancho de unas pocas decenas de átomos es una empresa muy difícil.

A los investigadores de Stanford se les ha ocurrido la idea de utilizar el ADN como mecanismo de ensamblaje, ya que las hebras de ADN son largas y delgadas, aproximadamente del mismo tamaño que las nuevas cintas de grafeno. Químicamente, las moléculas de ADN contienen átomos de carbono, el mismo elemento que forma el grafeno.

Después de dos años, el equipo de investigación ha desarrollado un proceso de fabricación de cinta de grafeno basado en ADN, que promete bajos costos de producción y alta escalabilidad, todas las características necesarias para adoptar el nuevo método de fabricación a escala industrial.

ELECTRÓNICA ULTRA RÁPIDA

Toda la comunidad científica sigue hablándonos sobre el grafeno y sus propiedades verdaderamente sorprendentes, capaces de revolucionar muchas de las aplicaciones más importantes de nuestros días.

Pero justo cuando crees que han descubierto todas sus increíbles habilidades, los investigadores descubren algo más asombroso.

Como en el caso de un nuevo estudio que ha demostrado que el grafeno es capaz de soportar la corriente eléctrica mucho más de lo que se esperaba originalmente. Esto lo hace perfecto para la próxima generación de materiales electrónicos ultrarrápidos.

Como descubrieron en el Institute of Applied Physics alla Technische Universität de Viena, una densidad de corriente 1.000 veces superior a la que conduce a la destrucción de cualquier otro material en circunstancias normales, la soporta el grafeno, que no sufre ningún daño.

Se sabía que el grafeno podía conducir electricidad y, a principios de este año, los científicos pudieron transformar el material en un superconductor, capaz de conducir electrones con resistencia cero.

Pero lo que han tratado los investigadores austriacos es algo muy diferente, que no tiene que ver con la eficiencia del flujo de electrones, sino con la cantidad de electricidad que el grafeno es capaz de soportar. En particular, estudiaron cuántos electrones puede manejar durante una recarga en un corto período de tiempo. Y los resultados son impresionantes.

Como se mencionó, el grafeno es un material con un grosor de solo un átomo. En la práctica, una hoja de carbono con estructura de panal adquiere propiedades extraordinarias a escala nanométrica. Es más fuerte que el acero, más duro que el diamante e increíblemente flexible. Ahora también parece ser capaz de soportar una alta densidad de carga.

Para comprender exactamente cómo el grafeno puede soportar 1000 veces la densidad de carga de todos los demás materiales, se necesitará más investigación. Sin duda, es el material ideal para los ingenieros electrónicos ultrarrápidos del futuro.

Hay grandes esperanzas de que el grafeno se convierta en el bloque de construcción fundamental para la fabricación de dispositivos electrónicos ultrarrápidos, pero también parece ser perfectamente adecuado para aplicaciones ópticas, como en las conexiones entre componentes ópticos y electrónicos.

LA ELECTRÓNICA DEL FUTURO: LA ESPINTRÓNICA

Incluso los últimos desarrollos en espintrónica parecen conducir precisamente al uso del grafeno como un componente clave para la electrónica de próxima generación.

La espintrónica parece un neologismo escapado de alguna película de ciencia ficción pero, en realidad, es un sector que desarrolla dispositivos electrónicos innovadores y que precisamente podría utilizar el grafeno como componente esencial.

Los recientes avances teóricos y experimentales en estudios sobre el transporte de espín de electrones en grafeno y materiales bidimensionales (2D) relacionados constituyen un área fascinante de investigación y desarrollo.

La espintrónica es una combinación de electrónica y magnetismo, a nanoescala, que podría conducir a la electrónica de alta velocidad de próxima generación. Los llamados dispositivos espintrónicos son una alternativa a la nanoelectrónica y, increíblemente, van más allá de la ley de Moore. Ofrecen una mayor eficiencia energética y menos disipación que la electrónica convencional.

En otras palabras, es un nuevo enfoque para el desarrollo de la electrónica en el que tanto los dispositivos de memoria (RAM) como los dispositivos lógicos (transistores) se hacen con el uso de espín. El giro es la propiedad básica de los electrones que hace que se comporten como pequeños imanes.

Un equipo de investigadores del Reino Unido, Holanda, Singapur, España, Suiza y Estados Unidos publicó recientemente un estudio sobre el tema. El estudio destaca las nuevas perspectivas proporcionadas por las heteroestructuras y los fenómenos resultantes, incluidos los efectos de órbita de espín, acoplamientos de espín a luz, sintonización eléctrica y magnetismo 2D.

Los continuos avances en la espintrónica de grafeno, y más generalmente en heteroestructuras 2D, han llevado a la creación, transporte y detección eficientes de información de espín utilizando efectos previamente inaccesibles.

El transporte de espín controlado en grafeno y otros materiales bidimensionales se está convirtiendo en un enfoque cada vez más prometedor. Como en el caso de las heteroestructuras a medida (heteroestructuras de van der Waals), que consisten en pilas de materiales bidimensionales, en un orden muy específico.

La identificación y caracterización de nuevos materiales cuánticos con extraordinarias propiedades topológicas electrónicas y magnéticas es objeto de estudios e investigaciones en todo el mundo. La espintrónica está en el centro de todo. Pero la clave para fabricar dispositivos que antes eran impensables son los materiales bidimensionales, como el grafeno.

Por su pureza, resistencia y sencillez, son la mejor plataforma para obtener propiedades topológicas únicas, que relacionan la física cuántica, la electrónica y el magnetismo.

IMPRESIÓN 3D

Hay dos nuevas tecnologías que, tomadas por separado, tienen todo el potencial para provocar la próxima revolución industrial: la impresión 3D y el grafeno.

¿Hay alguien que pueda imaginar lo que se podría hacer si fuera posible imprimir objetos en 3D usando grafeno? Los escenarios que se abren son literalmente alucinantes.

Como es bien sabido, hoy en día, gracias a la tecnología de impresión 3D, es posible hacer casi todo, desde cañones hasta alimentos y partes del cuerpo humano, solo por nombrar algunos. Si el grafeno se puede usar como material de impresión 3D, se podrían agregar a la lista computadoras, paneles solares, dispositivos electrónicos, automóviles e incluso aviones.

Los científicos de todo el mundo están trabajando para ver si esto es realmente posible. American Graphite Technologies ha anunciado que, junto con la National Academy of Science de Ucrania y el Kharkiv Institute of Physics and Technology, ha comenzado una investigación para desarrollar un nuevo material basado en grafeno para su uso en impresión 3D. Inmediatamente después del anuncio, las acciones de la compañía aumentaron un 15%.

Desarrollar un material imprimible en 3D basado en grafeno ofrecería grandes beneficios debido a las increíbles propiedades de este nuevo material.

Además de ser el primer cristal bidimensional jamás descubierto, el grafeno es también el objeto más delgado y liviano del mundo. Es más duro que el diamante y unas 300 veces más fuerte que el acero. Además, el grafeno conduce la electricidad mejor que el cobre, es transparente y puede tomar cualquier forma que puedas imaginar.

Si los científicos tienen éxito, el futuro que nos espera podría volverse realmente irreconocible.

BATERIAS

BATERÍAS DE IONES DE SODIO

Investigadores estadounidenses han demostrado que utilizando grafeno y molibdenita, es posible producir baterías de iones de sodio, dispositivos con gran potencial comercial.

La atención de la mayor parte del mundo científico que se ocupa de nuevos materiales se concentra en el grafeno, que conduce la electricidad mejor que el cobre y es impermeable a los gases, además de 200 veces más fuerte y 6 veces más ligero que el acero.

Pero muchos desconocen que existe otro material que compite con el grafeno: el disulfuro de molibdeno, también conocido como molibdenita.

El molibdeno podría ser un material ideal para la producción de transistores, también porque es un material que se encuentra en la naturaleza (también hay depósitos en Italia) y que se puede producir fácilmente.

El primer chip de molibdenita ya se ha creado en la École Polytechnique Fédérale de Lausanne (EPFL) y los investigadores suizos parecen optimistas de que se puede utilizar en lugar del silicio tradicional.

Pero los investigadores de la Kansas State University (Estados Unidos) fueron más allá y demostraron que la molibdenita y el grafeno juntos pueden crear un nuevo material que es extraordinariamente eficiente en el almacenamiento de átomos de sodio, convirtiéndose en un colector de corriente eficiente.

El nuevo material puede utilizarse como electrodo negativo en baterías de iones de sodio, que parecen ser una alternativa viable a las baterías de iones de litio, gracias a los muy bajos costos de adquisición y la disponibilidad ilimitada de sodio.

Hasta ahora, los materiales utilizados como electrodos negativos en las baterías de iones de sodio tenían el inconveniente de hincharse hasta 500 veces su volumen, provocando daños mecánicos y la pérdida de contacto eléctrico con el colector de corriente.

El nuevo material a base de molibdenita no presenta el mismo problema, ofreciendo en cambio estabilidad con respecto al peso total del electrodo.

Investigadores de la Kansas State University ahora están trabajando para comercializar la tecnología.

BATERÍAS DE LITIO DE LARGA DURACIÓN

La noticia viene de los laboratorios de Samsung, que han desarrollado baterías de litio, con el uso de silicio y grafeno, que durarán el doble de las que hay actualmente en el mercado.

En un artículo publicado en Nature Communications (la versión de acceso abierto de Nature), los investigadores describen cómo aumenta la densidad de energía de las baterías de iones de litio utilizando ánodos de silicio recubiertos de grafeno.

Al acoplar un ánodo de silicio-grafeno a una batería normal de litio-cobalto, se logra una densidad de energía hasta 1,8 veces mayor que la de las baterías tradicionales.

El uso de ánodos de silicio no es nuevo pero, hasta ahora, existía el problema de la expansión excesiva durante el proceso de carga. Una expansión del 400% que hizo que su uso fuera problemático ya que todos los fabricantes intentan producir baterías cada vez más pequeñas.

Pero según los investigadores de Samsung, la solución es el grafeno. Las delgadas capas de material que cubren la superficie de los ánodos de silicio contienen la expansión.

La tecnología está aún en sus comienzos, y aunque algunos señalan que podría llevar años traducirla en algo comercialmente viable, es un síntoma de cuánto están trabajando los laboratorios de investigación de todo el mundo con el grafeno y las baterías.

Por ejemplo, en el MIT (Massachusetts Institute of Technology) han ideado un nuevo enfoque para fabricar baterías de iones de litio que podría reducir los costos a la mitad. Además de Tesla Motors, que recientemente anunció que está trabajando con investigadores para reducir los costos.

Un gran fermento, que destaca la importancia de las baterías de iones de litio en nuestra vida diaria por un lado, y nuestra dependencia de los metales críticos necesarios para producirlas por el otro.

Todo apunta a que en los próximos años habrá novedades interesantes para los inversores en metales y minerales raros y estratégicos, con el grafito en primer plano.

SUPER CONDENSADORES DE GRAFENO

Pero en la industria de las baterías, uno de los mayores desafíos es encontrar algo mejor que las baterías de iones de litio. Y en esta dirección, la tecnología de los supercondensadores de grafeno está dando grandes pasos, con rendimientos impensables para las tecnologías tradicionales.

Un grupo de investigación internacional ha desarrollado un nuevo dispositivo para almacenar energía, al igual que lo hacen las baterías de litio.

La gran novedad es el uso de grafeno y nanotubos de carbono, que hacen del dispositivo un supercondensador capaz de cargarse y descargarse mucho más rápido que una batería tradicional.

Además, el dispositivo parece una fibra larga, una característica que permitiría coserlo en la ropa o alimentar electrodomésticos portátiles. Dado que esta fibra también funciona como un conductor, podría reemplazar los cables tradicionales, reduciendo el peso y el volumen de todos los dispositivos electrónicos portátiles.

¿Por qué no se han utilizado hasta ahora superconductores para almacenar energía? En primer lugar, porque los superconductores son más rápidos en el suministro de energía, pero tienen una densidad de energía baja, es decir, no pueden almacenar grandes cantidades de energía. Exactamente lo contrario de las baterías, que pueden almacenar energía pero no pueden cargarse y descargarse rápidamente.

Pero desde el descubrimiento del grafeno, también llamado el material de las maravillas, todo ha cambiado.

Con el grosor de un átomo, el grafeno tiene una estructura bidimensional que hace que enormes superficies estén disponibles para almacenar energía.

El equipo de investigadores, dirigido por Yuan Chen de la Nayang Technological University, ha perfeccionado los procesos de autoensamblaje de un estudio anterior realizado en 2009, dando como resultado una fibra de 50 metros de largo que contiene óxido de grafeno y nanotubos de carbono.

Comparando el desempeño del nuevo superconductor con el de las baterías de litio tradicionales, se midieron 10.000 ciclos de carga/descarga para el primero, frente a aproximadamente 1.000 ciclos para el segundo.

Pero las sorpresas no terminaron ahí. El equipo de investigación confía en que la nueva tecnología se utilizará en el futuro no solo para baterías, sino también para células solares y células de combustible microbiológicas.

EL GRAFENO BLANCO (h-BN 3D)

Mucho menos conocido que el grafeno normal, también existe el grafeno blanco, un material decisivo para mejorar el rendimiento de muchos dispositivos electrónicos.

Pero, ¿qué es el grafeno blanco? Para entender esto y comprender las últimas fronteras de la tecnología de los materiales más innovadores debemos ir a Rice University (Estados Unidos), donde dos investigadores, Rouzbeh Shahsavari y Navid Sakhavand, han completado el primer análisis teórico de cómo una estructura 3D de nitruro de boro se puede utilizar para controlar el flujo de calor en pequeños dispositivos electrónicos.

Mejorar la forma en que se mueve el calor en los microdispositivos tiene una enorme importancia en la electrónica.

Generalmente, en los dispositivos electrónicos, es muy deseable que el calor se mueva de la manera más rápida y eficiente posible. Esto se complica por el hecho de que cuando tiene materiales en capas sobre sustratos, el calor se mueve muy rápidamente en la dirección del plano conductor, pero con dificultad entre un nivel de material y otro.

El nitruro de boro hexagonal, codificado como h-BN y también llamado grafeno blanco, es la solución al problema. En su forma bidimensional (2D) es como el grafeno, es decir, con el grosor de un átomo de carbono. Como el grafeno, es un buen conductor de calor.

Esta capacidad para conducir el calor atrajo el interés de dos investigadores estadounidenses que comenzaron a examinar cómo se podría usar h-BN para controlar el flujo de calor.

Así que también encontraron que a medida que el calor se mueve a través de los planos de nitruro de boro, las estructuras tridimensionales de los nanotubos de nitruro de boro son capaces de transportar calor en todas direcciones, tanto en el mismo plano como a través de diferentes planos. Comportamiento excepcional en electrónica.

Las oportunidades que abre el nuevo descubrimiento para el futuro se refieren a nuevas posibilidades para interruptores térmicos y rectificadores, en los que el calor puede fluir en una dirección e incluso al revés.

Como saben los expertos, todavía no hay muchas aplicaciones comerciales debido a los altos costos de producción.

Sin embargo, descubrimientos como el de Rice University, abren las puertas a nuevos usos del material y, por tanto, a un estímulo cada vez mayor para encontrar procesos productivos económicos que permitan la difusión comercial del maravilloso material.

APLICACIONES PARA NUESTRA VIDA DIARIA

Los científicos ya han desarrollado decenas de prototipos basados en grafeno. Con estas nuevas tecnologías, por ejemplo, nuestros teléfonos móviles se convertirán en dispositivos que salvan vidas. Pero mientras los investigadores todavía están explorando el enorme potencial del grafeno, algunas aplicaciones y dispositivos están en proceso de abrirse camino hacia el mercado del consumidor final. Aquí hay 5 que dan una idea de lo sorprendente que será nuestra vida con la ayuda del grafeno.

UN PARCHE PARA MEDIR LA EXPOSICIÓN MÁXIMA AL SOL

El primer dispositivo está listo para monitorear el nivel de exposición a la luz solar a través de un sensor UV. Diseñado como un parche flexible, transparente y desechable, se conecta a un dispositivo móvil y alerta al usuario cuando ha a el umbral máximo de exposición al sol.

UNA BANDA PARA EL FITNESS

Con la misma tecnología, se desarrolló una banda de fitness para medir la frecuencia cardíaca, la hidratación, la saturación de oxígeno, la frecuencia respiratoria y la temperatura. Pero este dispositivo no se limita a medir simplemente la actividad física.

Si una persona está haciendo trekking en la selva amazónica con acceso limitado al agua, al medir la hidratación de la piel, puede optimizar la ingesta de agua, evitando cualquier tipo de deshidratación.

De manera similar, un escalador en su camino hacia la cima del Monte Everest podría usar este cinturón para monitorear con precisión la saturación de oxígeno en la sangre. Como se sabe, la gran altitud puede afectar seriamente la saturación de oxígeno en el cuerpo. Usando esta banda, el excursionista podría monitorear estos niveles y emitir una advertencia si la saturación de oxígeno en la sangre cae dramáticamente por debajo de cierto nivel.

Estos prototipos, que se expusieron en el Mobile World Congress 2019 de Barcelona, llevan la marca ICFO (The Institute of Photonic Sciences). El centro de investigación español también presentará otras dos tecnologías de grafeno.

UN ESPECTRÓMETRO PORTÁTIL PARA SUSTANCIAS NOCIVAS

Es un espectrómetro de un solo píxel (el más pequeño del mundo) y un sensor de imagen hiperespectral, ambos con capacidades de banda ancha. Funciones que, hasta hace poco, eran imposibles de obtener sin el uso de costosos y voluminosos sistemas de fotodetección.

Pero, ¿para qué sirven estos dos nuevos dispositivos de grafeno? Por ejemplo, el espectrómetro se puede utilizar para detectar medicamentos falsificados o para identificar sustancias nocivas dentro de un producto. Podría convertirse en un accesorio indispensable de nuestra vida diaria.

UN SENSOR DE IMAGEN PARA PRODUCTOS FRESCOS

El sensor de imagen, integrado en la cámara de un teléfono inteligente y basado en grafeno, permite que los teléfonos vean más allá de lo que es visible para el ojo humano. Compuesto por cientos de miles de fotodetectores, este sensor increíblemente pequeño es muy sensible a la luz ultravioleta e infrarroja. Por ejemplo, podría permitir a los compradores de supermercados localizar el producto más fresco para comprar con su cámara.

Como se mencionó, estos nuevos dispositivos de grafeno se exhibieron al público del 25 al 28 de febrero en el Mobile World Congress 2019 en Barcelona.

UNA TINTURA PARA EL CABELLO NATURAL Y DURADERA

Los científicos también han encontrado un uso del grafeno para algo inesperado: tinte para el cabello. El tratamiento promete resultados excepcionales, con un tinte para el cabello, libre de químicos. Básicamente, un sistema para teñir el cabello de negro, sin los daños que provocan los tintes químicos.

Intentemos entender cómo funciona. La superficie exterior del cabello está formada por cutículas, células dispuestas en escamas que podemos imaginar como los peldaños de una escalera. Al teñir el cabello con compuestos químicos tradicionales, estas cutículas se levantan como escamas de pescado para permitir que las moléculas de tinte entren más rápido. Este proceso deja el cabello más seco y frágil, por lo que cuanto más se tiñe el cabello, más daño sufre.

Por otro lado, el grafeno no penetra en el cabello, sino que lo recubre, como lo hacen los tintes wash-out. La diferencia es que el color del cabello que aporta el grafeno es casi permanente, ya que dura al menos treinta lavados.

Esto es posible gracias a la estructura muy fina de las láminas de grafeno que rodean el cabello.

Según el equipo de investigadores de la Northwestern University (Estados Unidos), que realizó este estudio, comparando el grafeno con otras partículas de tintes temporales para el cabello, como el negro de carbón o el óxido de hierro, realmente no hay competencia.

La investigación se inspiró en la curiosidad y el objetivo no parecía demasiado noble ni científicamente prestigioso. Pero, en realidad, el tinte para el cabello no es un problema irrelevante para una gran cantidad de personas.

El único punto débil del grafeno, por el momento, es su costo. Sin embargo, el grafeno de alta calidad con fines científicos es una cosa y otra es hacer tinte para el cabello. Por ejemplo, el grafeno que resulta inadecuado para aplicaciones electrónicas de alta gama podría usarse para teñir el cabello.

Es posible que los costos del grafeno se estén reduciendo mucho antes de lo que pensamos, y el momento en que encontremos el tinte para el cabello de grafeno en los estantes de los supermercados puede no estar tan lejos.

DE LA BASURA AL GRAFENO

Un nuevo proceso "verde" transforma los desechos de alimentos, plásticos y otros materiales en grafeno precioso. Un escenario ambientalmente beneficioso para todos.

Con pulsos de muy alta energía, los científicos pueden transformar cualquier fuente de carbono en el grafeno turboestrático. Todo con un proceso rápido y económico.

Como es fácil de imaginar, el uso de residuos para convertirlos en un precioso material 2D genera enormes beneficios medioambientales.

Fueron investigadores de la Rice University (Estados Unidos) quienes inventaron la técnica del grafeno flash, una forma de transformar grandes cantidades de cualquier fuente de carbono en preciosos copos de grafeno. Puede convertir una tonelada de carbón, desechos de alimentos o plástico en grafeno por una fracción del costo utilizado por otros métodos de fabricación.

Cualquier material sólido a base de carbono, incluidos los residuos plásticos mixtos y los neumáticos de caucho, se puede transformar en el llamado material maravilloso.

Según lo informado por la revista autorizada Nature, el grafeno flash se produce en 10 milisegundos calentando materiales que contienen carbono a 3.000 Kelvin (2.726,85 grados Celsius). Teniendo en cuenta que el precio comercial actual del material maravilloso está entre 67.000 dólares y 200.000 dólares por tonelada, el éxito de esta nueva técnica parece asegurado.

Se podría utilizar grafeno flash, con una concentración de solo 0,1%, en hormigón. Esto reduciría su impacto ambiental masivo en un tercio. Al fortalecer el concreto con el nuevo material, podríamos usar menos para la construcción, con menores costos de producción y transporte.

El escenario medioambiental que está surgiendo es beneficioso para todos y convertir la basura en un tesoro es la clave de la economía circular.

Pero también hay otro beneficio del nuevo proceso. De hecho, el resultado final es grafeno turboestrático, con capas desalineadas que son fáciles de separar. A diferencia del que se obtiene de la exfoliación del grafito, el turboestrático es mucho más fácil de trabajar porque la adherencia entre las capas es menor. Simplemente se separan en solución o cuando se funden en compuestos.

Ahora, los investigadores de la Rice University esperan producir un kilogramo por día de grafeno flash en dos años.

LA MADRE DEL GRAFENO: GRAFITO

Hablando de grafeno es imposible no mencionar el mineral que le da cuerpo y que es el grafito.

Por cierto, el grafito es uno de los sectores más candentes en el panorama actual de las materias primas.

El gran interés de los inversores y un verdadero auge de la nueva exploración minera son prueba de ello. El cambio continuo hacia el uso de energías alternativas y los problemas que afectan al suministro de grafito desde China son solo algunos de los factores críticos que han puesto la atención internacional en el mercado del grafito. Pero, ¿qué es exactamente el grafito?

Para empezar, el grafito tiene una estructura plana en capas, con átomos de carbono dispuestos en una red en forma de panal. Térmicamente estable y conductor de electricidad, también es un excelente lubricante seco. Además, hay 3 tipos: escamoso, amorfo y venoso.

El grafito en escamas se volvió particularmente importante en 2014 cuando Tesla Motors anunció la construcción de una Gigafábrica de baterías de iones de litio, que utilizan grafito para los ánodos. Pero este tipo de grafito también se utiliza en reactores nucleares, en la producción de refractarios y acero.

El grafito es un excelente conductor de calor y electricidad y tiene una fuerza que ningún otro material natural puede presumir. Sin embargo, es solo recientemente que este mineral ha comenzado a generar interés en los mercados.

Un interés vinculado a las baterías de iones de litio, cada vez más extendido. Desde teléfonos inteligentes hasta vehículos eléctricos, el grafito es indispensable para el funcionamiento de la batería. A medida que aumenta el uso de baterías de iones de litio, la demanda de grafito seguirá la misma tendencia en los próximos años.

Además, la química de las baterías cambia constantemente, según los expertos, el grafito seguirá siendo una materia prima clave en las baterías, al menos durante la próxima década. Y hablando de grafito si se relaciona con el grafito sintético respecto al grafito natural (esta forma de grafito esférico como producto intermedio). Todos los productos utilizados en los ánodos de las baterías de iones de litio.

Según Benchmark Mineral Intelligence, el comando proveniente del segmento de ánodo podría incrementar el turno establecido en la próxima década, tras el incremento en la venta de autos eléctricos.

Manteniéndose en cambio del lado de la oferta, el mercado mundial está encabezado por China, líder absoluto en la extracción de este mineral. El país domina solo la parte estratégica del refinamiento de ánodos de grafito.

Dicho esto, veamos cuáles son los 9 países que han producido el grafito más natural del mundo. La siguiente descripción general, que se refiere a los datos de 2018, se basa en los hallazgos recientes del US Geological Survey (USGS).

1. CHINA (producción minera: 630.000 toneladas) - China representa el 70% de las minas de grafito del mundo. Sin embargo, lo que predomina puede no durar para siempre. De hecho, el país que hace esfuerzos para racionalizar la producción y eliminarla, le da más contaminación.

2. BRASIL (producción minera: 95.000 toneladas) - Aunque Brasil es el segundo productor más grande del mundo, produce mucho menos que China. Hay poca información sobre la industria brasileña del grafito, ya que los principales productores son privados. Extrativa Metalquimica y Nacional de Grafite son las dos principales.

3. CANADÁ (producción minera: 40.000 toneladas) - La producción canadiense se ha mantenido sin cambios desde 2017, aunque el interés en Canadá como fuente de grafito ha aumentado en los últimos años. En

concreto, desde que Tesla declaró que necesita litio, grafito y cobalto para su Gigafábrica de baterías de iones de litio en Nevada (Estados Unidos).

4. INDIA (Producción minera: 35.000 toneladas): India ha producido mucho menos grafito que los tres primeros países de esta clasificación, pero sigue siendo el cuarto productor más grande del mundo. La mayoría de las reservas indias (43 por ciento) están ubicadas en el estado de Arunachal Pradesh.

5. MOZAMBIQUE (Producción minera: 20.000 toneladas) - Mozambique dio un gran salto en 2018, pasando de solo 300 toneladas en 2017 a 20.000 toneladas el año pasado.

6. UCRANIA (Producción minera: 20.000 toneladas) - Ucrania produjo la misma cantidad de grafito en 2018 en comparación con el año anterior. El principal productor del país es Zavalyevskiy.

7. RUSIA (Producción minera: 17.000 toneladas) - El país prevé incrementar significativamente su producción en los próximos años, gracias a dos nuevos proyectos: Dalgrafit y Uralgraphite. Como ocurre con muchos de los países de esta lista, hay poca más información disponible sobre la extracción de grafito en Rusia.

8. NORUEGA (Producción minera: 16.000 toneladas) - La producción noruega se mantuvo prácticamente sin cambios entre 2017 y 2018. Muchos de los depósitos noruegos están ubicados en posiciones muy favorables, cerca del mar o de la red eléctrica.

9. PAKISTÁN (Producción minera: 14.000 toneladas) - El país produjo 14.000 toneladas de grafito en 2018, la misma cantidad que el año anterior. Incluso en el caso de Pakistán, la información sobre la extracción de este mineral es escasa.

Mirando en cambio desde el punto de vista de un inversor que quiere apostar por el sector, optar por hacerlo invirtiendo en alguna empresa china puede no ser una buena opción, ya que la mayoría de las empresas son de propiedad estatal y los crecientes problemas medioambientales en el país conllevan un riesgo muy alto.

La única opción que queda es la de las denominadas empresas junior occidentales, algunas de las cuales podrían convertirse en importantes proveedores de la Gigafábrica de Tesla Motors.

Finalmente, una distinción indispensable para el inversor pero no solo. El término grafito es bastante genérico ya que agrupa diferentes formas de material, tanto sintético como natural. Ambos tipos no tienen relación entre sí, excepto que ambos se llaman grafito. Por no hablar de los mercados a los que hacen referencia, completamente distintos entre sí.

Para muchos, la diferencia entre el grafito sintético y el grafito natural es completamente desconocida pero, como veremos, los dos materiales son bastante diferentes y es fundamental conocerlos si se quiere entender el mercado en su conjunto.

El único terreno donde hay competencia entre formas naturales y sintéticas es en el mercado de pastillas de freno.

El grafito sintético juega un papel importante, aunque sus aplicaciones se confunden comúnmente con las del grafito natural. El único terreno donde existe competencia entre formas naturales y sintéticas es en el mercado de pastillas de freno y lubricantes.

Solo para despejar el campo de posibles malentendidos, cuando se hace referencia al sector de artículos deportivos (cañas de pescar, raquetas de tenis, palos de golf, etc.), el grafito no tiene nada que ver con él, sino que simplemente se cita incorrectamente, o peor aún, se confunde con la fibra de carbono

Hay dos tipos de sintéticos: anisotrópicos e isotrópicos. El primero, obtenido a partir del coque de petróleo (el llamado coque de petróleo), se utiliza en hornos de arco eléctrico para la fundición de acero, la fundición de hierro y la producción de ferroaleaciones. El segundo se utiliza en el sector de la energía solar. Para ambos, existe un subproducto, el grafito sintético secundario, en forma de gránulos o polvo.

El grafito sintético primario se utiliza para los ánodos de las baterías de iones de litio, aunque cuesta al menos el doble de lo natural. Cuando luego se utiliza para obtener baterías con propiedades específicas, para las que se necesitan formas híbridas de material sintético, los precios pueden ser incluso diez veces más altos, totalmente justificado por el hecho de que es un material de alta gama, obtenido con procesos de tratamiento térmico muy especiales.

Muchas de las baterías de litio de alta gama, como las que se utilizan en los vehículos eléctricos, son de grafito sintético que ofrece la ventaja de una calidad completamente bajo control. Es por eso que algunos creen que el natural terminará alimentando cada vez más el mercado sintético.

Bibliografía

- Redazione, "Scoperta rivoluzionaria grazie ad una matita e nastro adesivo", 10/04/2013, www.metallirari.com
- Libei Huang, Siyu Xu, Zhaoyu Wang, Ke Xue, Jianjun Su, Yun Song, Sijie Chen, Chunlei Zhu, Ben Zhong Tang, Ruquan Ye. Self-Reporting and Photothermally Enhanced Rapid Bacterial Killing on a Laser-Induced Graphene Mask. ACS Nano, 2020; DOI: 10.1021/acsnano.0c05330
- Rebeca M. Torrente-Rodríguez, Heather Lukas, Jiaobing Tu, Jihong Min, Yiran Yang, Changhao Xu, Harry B. Rossiter, Wei Gao. SARS-CoV-2 RapidPlex: A Graphene-based Multiplexed Telemedicine Platform for Rapid and Low-Cost COVID-19 Diagnosis and Monitoring. Matter, Oct. 1, 2020; DOI: 10.1016/j.matt.2020.09.027
- Presentation #2610, "Towards a "green" antimicrobial therapy: Study of graphene nanosheets interaction with human pathogens," is authored by Valentina Palmieri, Massimiliano Papi, Francesca Bugli, Mariacarmela Lauriola, Claudio Conti, Gabriele Ciasca, Giuseppe Maulucci, Maurizio Sanguinetti and Marco De Spirito. It will be at 1:30 p.m. PT on Wed., March 2, 2016 in Room 501ABC of the Los Angeles Convention Center.
- Rouzbeh Shahsavari, Navid Sakhavand. Dimensional Crossover of Thermal Transport in Hybrid Boron Nitride Nanostructures. ACS Applied Materials & Interfaces, 2015; 150709153013004 DOI: 10.1021/acsami.5b03967
- Redazione, "Il mercato della grafite: guida per l'investitore", 6/11/2015,

www.metallirari.com

- A. Avsar, H. Ochoa, F. Guinea, B. Özyilmaz, B. J. van Wees, I. J. Vera-Marun. Colloquium: Spintronics in graphene and other two-dimensional materials. Reviews of Modern Physics, 2020; 92 (2) DOI: 10.1103/RevModPhys.92.021003